Bibliografische Information der Deutschen Nationalbibliothek:

Die Deutsche Bibliothek verzeichnet diese Publikation in der Deutschen National-
bibliografie; detaillierte bibliografische Daten sind im Internet über http://dnb.d-
nb.de/ abrufbar.

Impressum:

Copyright © 2016 GRIN Verlag, Open Publishing GmbH
Druck und Bindung: Books on Demand GmbH, Norderstedt Germany
ISBN: 9783668390409

Dieses Buch bei GRIN:

http://www.grin.com/de/e-book/351900/laborbericht-der-fertigungstechnik-sprit-
giessen-extrudieren-und-programmieren

Waldemar Trumpf

Laborbericht der Fertigungstechnik. Spritgießen, Extrudieren und Programmieren

GRIN Verlag

AKAD Hochschule Stuttgart

Maschinenbau Bachelor of Engineering

Laborbericht

FTE03 – Fertigungstechnik

Bearbeiter: Waldemar Trumpf

Heilbronn, den 18.10.2016

Inhaltsverzeichnis

Abbildungsverzeichnis

Tabellenverzeichnis

1. Einleitung

Der nachfolgende Laborbericht wurde im Rahmen der Laborveranstaltung FTE03, die vom 26.09 bis 29.09.2016 in der Hochschule Pforzheim stattfand, angefertigt. Im Labor wurden die zur Verfügung gestellten Spritzgießmaschine, Extrusionsanlage und Thermoformmaschine vorgestellt. Die Studierenden wurden in zwei Gruppen aufgeteilt, die jeweils einen theoretischen Teil des Labors bearbeitet sowie die praktischen Versuche durchgeführt haben. Ziel dieser Arbeit ist es, die Versuchsdurchführungen der Gruppe 2 darzustellen und die daraus entstandenen Ergebnisse aufzuzeigen.

2. Spritgießen

2.1 Theoretische Grundlagen

Das Spritzgießen ist eines der bedeutendsten Umformverfahren, das hauptsächlich in der Kunststoffverarbeitung eingesetzt wird. Mit diesem Fertigungsverfahren werden die Bauteile wirtschaftlich in großen Stückzahlen und mit sehr hoher Reproduziergenauigkeit hergestellt. In kürzester Zeit werden die Formteile direkt vom Rohstoff zum Fertigteil produziert, die keine oder nur geringere Nacharbeit benötigen. Sie weisen zwei Merkmale auf: Es sind die Einspritzpunkte und die Auswerferabdrücke zu sehen, da sich das Bauteil beim Auswerfen noch ein bisschen in einem weichen Zustand befindet. Dieses Verfahren dient auch zur Herstellung von Bauteilen mit komplizierter Geometrie, die nur in einem Arbeitsgang vollautomatisch produziert werden können. Dabei werden thermoplastische Kunststoffe (Granulat) durch die rotierende Schnecke unter der Temperatureinwirkung aufgeschmolzen. Danach wird die Schmelze, die sich axial zu der Schneckenrotation bewegt, unter hohem Druck in das geschlossene Werkzeug eingespritzt. Mit Hilfe eines Hohlraums (Kavität) bekommt das Bauteil seine gewünschte Form. Anschließend erfolgt die Abkühlungsphase, in der ein stabiler Formzustand erreicht wird. Danach kann das Fertigteil ausgeworfen oder entnommen werden. Dies geschieht in einem Zyklus, dessen Schritte wie folgt aussehen:

1) Der Ausgangszustand ist wenn

   - Werkzeug öffnen

   - Die Schmelze ist plastifiziert

   - Die Plastifiziereinheit ist zurückgefahren

2) Werkzeug schließen und Plastifiziereinheit vorfahren

3) Beginn der Abkühlzeit, während der Abkühlzeit

   - Nachdruck

   - Plastifizeiren (Dosieren)

   - Plastifiziereinheit zurück

4) Werkzeug öffnen und Bauteil auswerfen.[1]

2.2 Versuchsaufbau

Im Labor wurden die Versuche mit der Spritzgießmaschine *Arburg Allrounder 270 S, 400-100* durchgeführt.

Vor den Laborübungen erfolgte eine Einweisung in die Maschinenbedingung und es wurden einige Prozessparameter wie folgt eingestellt:

- Temperatur der Schmelze ($\rightarrow$ Viskosität)
- Einspritzgeschwindigkeit *30 cm³/s*
- Druckverlauf bzw. Zeiten während der Abkühlung: Nachdruck von *450 bar,* Abkühlzeit von *15 s*
- Bauteil- und Werkzeugauslegung im Hinblick auf Schmelzfluss
- Temperatur im Werkzeug auf *20 °C*
- Dosiermenge: *V = 15 cm³*

Für das Verfahren wurde das Polypropylen-Granulat genommen, aus dem nach dem Spritzgießen die Zugstäben entstehen, die später für das Kriechverfahren der Kunststoffe verwendet werden können. Das Polypropylen-Material weist eine Temperatur von *30 °C* auf, die in der Abbildung 2 im blau markierten Feld

---

[1] Vgl. Frey G., Eckhardt D. (o. J.), S. 5

zu sehen ist. In den weiß markierten Feldern sind die Temperaturen eingestellt, die für den Prozess wichtig sind.

2.3 Versuchsdurchführung

Nach einem Spritzgießzyklus bleibt die Spritzgießmaschine stehen, da sie im halbautomatischen Betrieb gefahren wird. Es wurden die Zugstäbe aus dem Polypropylen-Material spritzgegossen. In diesen Versuchen ging es um die Ermittlung des Restmassevolumens (der optimalen Dosiermenge) und der optimalen Nachdruckdauer, die in den nachfolgenden Kapiteln näher beschrieben werden.

2.3.1 Füllreihe und Ermittlung der optimalen Dosiermenge

Die optimale Dosiermenge ist erreicht, wenn am Ende der Nachdruckzeit das Schmelzvolumen von der Schneckenspitze ca. 5 % des Einspritzvolumens beträgt.[2] Um dieses zu ermitteln wurde dieser Versuch mit einem sehr kleinen Plastifiziervolumen von 15 cm³ angefangen und dann das Dosiervolumen in Schritten von 5 cm³ von Zyklus zu Zyklus erhöht. Die Volumenänderung erfolgt während des Nachdrucks vor dem Dosieren. Die Ergebnisse des Spritzgießens von den Zugstäben sind in der Tabelle 1 dargestellt.

Tabelle 1: Ermittlung der optimalen Dosiermenge beim Spritzgießen

Dosiervolumen	Merkmal des Ergebnisses
15 cm³	Bei Spritzgießteilen (Zugstäbe) hat das halbe Material gefehlt.
20, 25, 30 cm³	Ein kleiner Anteil von Material ist immer dazu gekommen, aber immer noch sind keine vollständigen Zugstäbe entstanden.
35 cm³	Die Zugstäbe weisen ihre gewünschte Form auf aber es gab kleine Einfallstellen.
40 cm³	An den Zugstäben war viel Material übrig. (siehe Abbildung 3)

---

[2] Vgl. Frey G., Eckhardt D. (o. J.), S. 18

| 37 cm³ | Weniger Material übrig als bei dem Dosiervolumen von 40 cm³ |
| 36 cm³ | Das Ergebnis wurde erreicht. |

Quelle: eigene Darstellung

Das optimale Dosiervolumen (Restmassevolumen) wurde somit bei 36 cm³ erreicht und das Schmelzvolumen beträgt am Ende der Nachdruckzeit von der Schneckenspitze ca. 1,5 % des Einspritzvolumens.

2.3.2 Ermittlung der optimalen Nachdruckdauer

Die optimale Nachdruckdauer ist erreicht, wenn sich das Gewicht eines Teils nicht mehr ändert, also wenn Siegelpunkt erreicht ist. Bei diesem Versuch hat man mit einer Nachdruckdauer von fünf Sekunden angefangen und diese dann von Zyklus zu Zyklus in fünf Sekunden-Schritten erhöht. Mit einer Einstellung wurden jeweils drei Teile gespritzt und nacheinander gewogen. Aus diesen drei Gewichten wurde der Mittelwert ermittelt und dann in einem nachfolgenden Diagramm über der Nachdruckdauer aufgetragen.

Abbildung 1: Optimale Nachdruckdauer - Spritzgießen

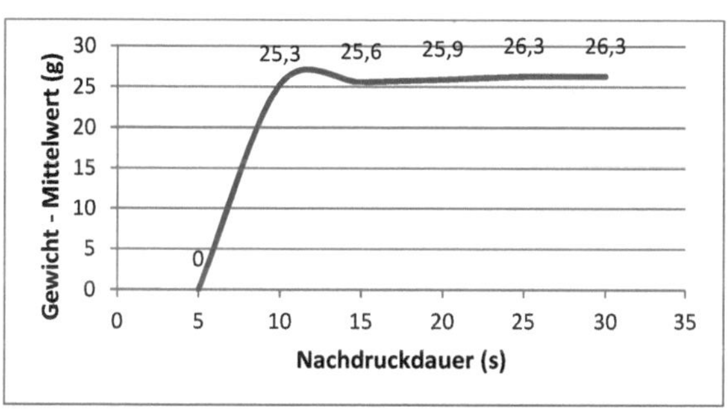

Quelle: eigene Darstellung

Die optimale Nachdruckdauer ist bei 25 s erreicht, da der Mittelwert von 26,3 g der drei Gewichte bei 30 s nicht mehr ändert.

2.3.3 Analyse der Merkmale spritzgegossener Bauteile

Im Labor lag eine Reihe von spritzgegossenen Bauteilen vor, die anhand der vorgegebenen Fragestellungen analysiert wurden.[3]

I.   Beispiel Gehäusebestandteile einer Heckenschere

Der Anschnitt befindet sich am Griff und es handelt sich um einen Tunnelanguss. Er hat die Auswirkung, dass der Schmelzweg in Form eines Rings aussieht, womit dann die heiße Schmelze sich beim Spritzgießen relativ gut bewegen kann. Eine Veränderung der Lage des Anschnitts auf der gegenüberliegenden Seite hat dann die Auswirkung, dass die Schmelze einen langen Schmelzweg hat und schon am Griff erstarrt auftritt und sich somit nicht richtig mischen lässt. Dadurch entsteht eine Bindenaht, die dann die Festigkeit des Bauteils schwächt. Die Auswerferseite befindet sich in der Innenseite des Bauteils, da hier die Auswerferabdrücke zu sehen sind. Die Düsenseite ist die Außenseite des Bauteils, da die gewölbten Teile immer auf der Düsenseite angehängt werden. Das Bauteil weist einige Funktionselemente auf: Die Luftungsgitter, die Schraubenführung, die Kabelzuführung, sowie die Motorlagerung und –halterung. Die Rippen wurden im Bauteil so angeordnet, um die Fließrichtung der Schmelze zu unterstützen sowie die Stabilität gegen Torsionsbelastung zu gewährleisten. Für das Gehäuse wurde das Werkstoff PA6-GF30 angewandt, weil es von den äußeren Kräften nicht so beansprucht wird wie z.B. der Griff aus dem Werkstoff PA6-GB20-GF30, der im Betrieb auf den Druck und den Zug belastet wird.

II.   Herstellungsfehler

Es lag ein Teil SG 9.12 (Rohrmuffe) vor, an dem einige fehlerhaften Merkmale festgestellt wurden:

---

[3] Frey G., Eckhardt D. (o. J.), S. 18

- Die Einfallstelle ist umlaufend an der Formteiloberfläche, wodurch die Festigkeit des Bauteils geschwächt wird. Dieser Fehler kann mit den einzelnen Erhebungen beseitigt werden.

- Die Bindenaht die als eine kratzer- bzw. kerbenartige Linie sichtbar ist, lässt sich bei der Konstruktion nicht verhindern, aber kann durch das Aufheizen des Werkzeugs verbessert werden.

Es wurden zwei Gehäuse SG 9.7 und SG 9.8 miteinander verglichen. Bei dem Teil SG 9.7 hat man gesehen, dass die Außenwände nach innen verformt sind. Um diese Verformung zu vermeiden hat man bei dem Teil SG 9.8 die richtige Versteifung vorgesehen.

III.   Anguss-System und Beispiel Spritzgießwerkzeug

Bei dem Bauteil SG 3.14 (Bohrmaschinengehäuse) geht es um einen Scheibenanguss bzw. einen Telleranguss, bei dem zur Entformung des Bauteils drei Schieber benötigt werden. Bei dem Spritzgießwerkzeug wurden die Bauelemente dem vorgegebenen Text bzw. dem Spulenkörperwerkzeug zugeordnet.

3. Extrudieren

3.1 Theoretische Grundlagen

Das Extrudieren ist ein kontinuierliches Verfahren zum Herstellen von Halbzeugen und Fertigteilen. Dabei werden Kunststoffe oder andere zähflüssigen härtbaren Materialien kontinuierlich durch eine Düse gepresst. Durch einen Extruder mittels Heizung und inneren Reibung wird der Kunststoff, auch das Extrudat genannt, aufgeschmolzen und homogenisiert. Dabei wird der Druck aufgebaut, der für das Durchfließen der Schmelze in der Düse notwendig ist. Nach dem Austreten aus der Düse erstarrt der Kunststoff in einer Kalibrierung. Durch die Extrusion können Platten, Rohre, Folien, Profile beliebigen Querschnitts hergestellt sowie die Vorprodukte beschichtet und ummantelt werden. Wie die Abbildung 5 zeigt, besteht eine Extrusionsanlage aus einigen Komponenten, die bestimmte Aufgaben für das Verfahren ausführen.

Abbildung 2: Extrusionsanlage

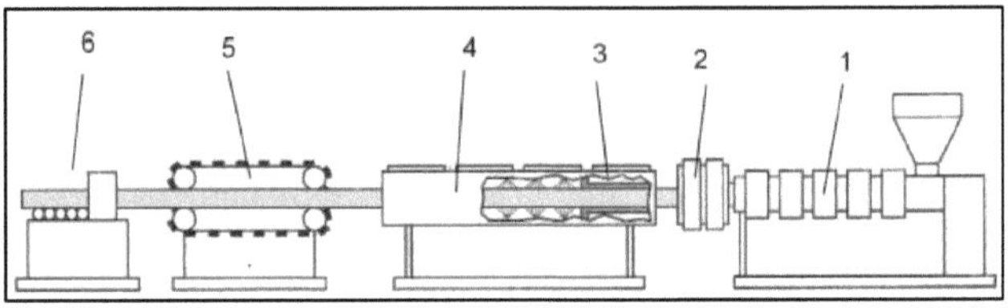

Quelle: Frey G., Eckhardt D. (o. J.), S. 20

1) *Extruder:* Aufschmelzen und Homogenisieren des Werkstoffs, Druckaufbau.
2) *Werkzeug:* Formen der Schmelze.
3) *Kalibrierung:* Fixierung der Geometrie, Abkühlen der Randschicht des Profils.
4) *Kühlwasserbad:* weiteres Abkühlen des Profils.
5) *Raupenabzug:* Profilvorschub durch Zug, Ziehen des Profils durch Kalibrierung und Kühlstrecke.
6) *Konfektionierung:* wie Säge und Stapelvorrichtung, Wickler oder Ähnliches.[4]

3.2 Versuchsaufbau

Die Laborversuche wurden mit einem Nutbuchsenextruder der Firma Extrudex, Typ ED-N45-25D, durchgeführt. Die Anlage besteht aus einer Scheibenkalibrierung, einem Wasserbad und einem Bandabzug. Das extrudierte Rohr wird in einem Vakuumkalibriertank kalibriert, indem es durch die Lochblenden, die im Wassertank angebracht sind, gezogen wird. Hierbei wird das Rohr auch effektiv gekühlt, da es mit dem Kühlwasser direkt in Berührung kommt. Dadurch wird die werdende erstarrte Randschicht zunehmend dicker. Die Kalibrierung für Laborversuche wurde mithilfe eines

---

[4] Frey G., Eckhardt D. (o. J.), S. 20

Feinregulierungsventils mit Rohrinnendruck betrieben. Sobald ein ca. 10 cm langes Schmelzestück aus einem Dornhalterwerkzeug austritt, wird dieses mit einem gezogenen Drahtstück durch das Andrücken verbunden. Hierfür wird der Extruder ausgeschaltet und fährt dann wieder an, wenn eine kurze Abkühlung stattgefunden hat. Das Feinregulierventil bringt die Stützluft auf und dient dazu, dass der Schmelzeschlauch durch die Lochblende der Kalibrierung gedrückt wird. Das Schmelzestück mit dem angedrückten Draht wird der Schlauch langsam durch die Lochblenden gezogen. Dabei muss man immer darauf achten, dass im Kühlbad genügend Kühlwasser vorhanden bleibt, sodass das Profil vollständig unter dem Wasser bleibt. Der stationäre Betrieb erfolgt, wenn das extrudierte Rohr am Bandabzug auftritt. Hierbei wird die erforderliche Geschwindigkeit je nach der Sollwanddicken eingestellt.[5]

3.3 Versuchsdurchführung

Mit der vorgestellten Extrusionsanlage werden die Rohre aus dem Werkstoff Polystyrol hergestellt. In gemeinsamer Abstimmung wurden, in Abhängigkeit von der Schneckendrehzahl, die Stützluft und die Abzugsgeschwindigkeit so gewählt, dass ein stationärer Betrieb der Anlage erfolgt. Auf die richtige Füllhöhe des Kühlwasserbades wurde regelmäßig geachtet. Die Anlage wurde am Anfang mit dem Druck von 60 bar und mit der Drehzahl von 5 U/min sowie mit den folgenden Temperaturparametern eingestellt:

- Flanschheizung: 220 °C
- Werkzeugheizung: 220 °C
- Zylinderheizung 1: 200 °C
- Zylinderheizung 2: 210 °C
- Zylinderheizung 3: 210 °C
- Zylinderheizung 4: 220 °C

In nachfolgenden Versuchen geht es um die Ermittlung von dem Durchsatz des Extruders (Masse pro Zeiteinheit) sowie um das Messen der Geschwindigkeit des Bandabzuges.

---

[5] Vgl. Frey G., Eckhardt D. (o. J.), S. 21 ff.

3.3.1 Durchsatz des Extruders

In diesem Versuch wurde der Durchsatz des Extruders (Masse pro Zeiteinheit) in Abhängigkeit von der Drehzahl ermittelt. Der Versuch wurde mit drei verschiedenen Drehzahlen 10 U/min, 20 U/min und 30 U/min durchgeführt. Hierzu wurden jeweils *drei Stücke* in dem Takt von 30 Sekunden von der Masse abgestochen und gewogen. Die Ergebnisse dieses Versuchs sind in dem unten stehenden Diagramm dargestellt.

Abbildung 3: Ermittlung des Durchsatzes des Extruders

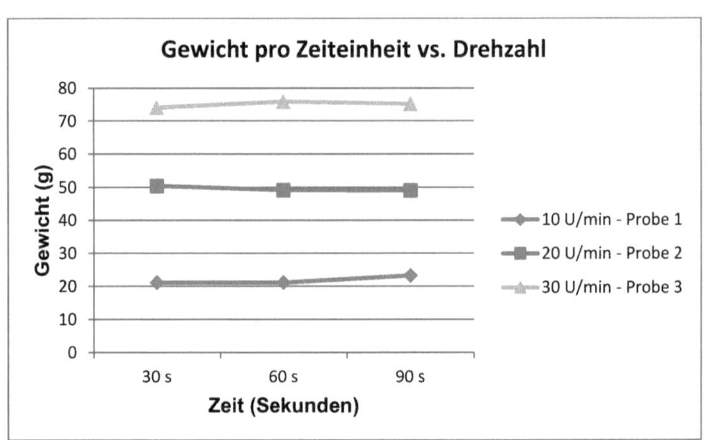

Quelle: eigene Darstellung

Danach bei jeder Probe wurde das Mittelgewicht aus den einzelnen Gewichten berechnet:

$$Gewicht_{Mittel-Probe\ 1} = \frac{21,1\ g + 21,1\ g + 23,2\ g}{3} = 21,8\ g$$

$$Gewicht_{Mittel-Probe\ 2} = \frac{50,4\ g + 49,1\ g + 49,0\ g}{3} = 49,5\ g$$

$$Gewicht_{Mittel-Probe\ 3} = \frac{74,0\ g + 75,8\ g + 75,1\ g}{3} = 74,9\ g$$

3.3.2 Abzugsgeschwindigkeit

In diesem Versuch wurde die Geschwindigkeit des Bandabzuges, die als Weg schrittweise von 10 cm am Zählwerk abgelesen wurde, bei drei verschiedenen Geschwindigkeitseinstellungen gemessen. Die Messergebnisse sind in der Tabelle 2 zusammengefasst.

Tabelle 2: Messergebnisse der Abzugsgeschwindigkeit

Skala	0,10 m	0,2 m	0,3 m
Zeit (s)	2 min = 120 s	29,4 s	14 s
Geschwindigkeit (m/s)	$8,3 * 10^{-4}\, m/s$	$6,8 * 10^{-3}\, m/s$	$0,021\, m/s$

Quelle: eigene Darstellung

Die Abzugsgeschwindigkeit für eine Drehzahl von 30 U/min, bei der ein Rohr mit einer Wanddicke von drei Millimeter entsteht, betrug 3 m/min.

3.3.3 Analyse von extrudierten Beispielteilen

Das Wellrohr EX 41 wird mit dem Kalanderwalzen hergestellt. Das Verfahren ist ein System, das mehrere beheizte und polierte Walzen aus Schalenhartguss oder Stahl besitzt, die aufeinander angeordnet sind und durch deren Spalten die Schmelze oder andere Materialien hitdurchgeführt werden.[6]

Man hat sich über die Folien Ex 39 und Ex 40 unterhalten. Es ging darum, mit welchem Extrusionsverfahren die beiden Folien hergestellt werden sowie welche Vor- und Nachteile deren Herstellungsverfahren haben (siehe Tabelle 3).

Tabelle 3: Analyse von extrudierten Beispielteilen

	Folie Ex 39	Folie Ex 40

---

[6] Vgl. de.wikipedia.org/wiki/Kalander

Herstellungsverfahren	Breitschlitzdüsenextrusion	Blasfolienextrusion
Vorteile	Gleichmäßige Wanddicke	Günstig und schnell
Nachteile	Aufwendig und teuer	Ungleichmäßige Wanddicke

Quelle: eigene Darstellung

3.3.4 Berechnung der Abzugsgeschwindigkeit

Bei dieser Aufgabe ist die Einstellung der Abzugsgeschwindigkeit in Skalenteilen der Geschwindigkeitseinstellung gesucht. Hierfür ist die erforderliche Geschwindigkeit des Abzuges in *m/s* aus bekannten Daten zu berechnen sowie die Skaleneinstellung über die versuchstechnisch ermittelte Skalatabelle zu ermitteln.

Gegeben:

- Außendurchmesser des Rohres: $d_a = 27\ mm = 2,7\ cm$
- Wanddicke des Rohres: $3\ mm$
- Länge des Rohres: $L = 1\ m = 100\ cm$
- Dichte des Werkstoffs: $\rho = 0,91\ g/cm^3$
- Drehzahl: $n = 30\ \frac{1}{min}$
- In *30 s* beträgt der Masseausstoß *61,65 g*

Berechnung:

$$V_{Rohr} = \frac{\pi}{4} * L * (d_a^2 - d_i^2) = \frac{\pi}{4} * 100\ cm * (2,7^2 - 2,1^2)cm^2 = 226,2\ cm^3$$

$$m = V * \rho = 226,2\ cm^3 * 0,91\frac{g}{cm^3} = 205,84\ g$$

$$\frac{61,65\ g}{30\ s} \rightarrow \frac{2,055\ g}{s} = \frac{205,84\ g}{X} \rightarrow X = \frac{205,84\ g}{2,055\ g} * s \approx 100\ s$$

$$Abzugsgeschwindigkeit: V_{Abzug} = \frac{1\ m}{100\ s} = 0,01\ m/s$$

<u>*Ergebnis*</u>: Es wird in *100 Sekunden 205,84 g* der Masse ausgestoßen.

4. Thermoformen von Kunststoffen

4.1 Theoretische Grundlagen

Das Thermoformen, auch als Vakuumformen, Warmformen oder Vakuumtiefziehen genannt, ist ein Verfahren zur Umformung thermoplastischer Kunststoffe. Dabei wird ein Halbzeug (Folie oder Platte) mithilfe von Infrarotstrahlen erwärmt und anschließend zu einem Formteil geformt, indem es von Vakuum auf ein Werkzeug gezogen wird. Durch einen Luftstrom mithilfe von Kühlgebläsen wird das Halbzeug abgekühlt. Nach der Abkühlung kann es entformt und anschließend ausgestanzt, ausgeschnitten oder besäumt werden. Wie die Abbildung 7 zeigt, läuft der Thermoformenprozess in vier Schritten ab.

Abbildung 4: Thermoformenprozess

Quelle: eigene Darstellung

Das erwärmte Halbzeug wird entweder durch das Positiv-Formen oder durch das Negativ-Formen geformt. Beim Positiv-Formen wird die Platte auf ein erhabenes Werkzeug gezogen. Beim Negativ-Formen wird im Gegensatz zum Positiv-Formen die erwärmte Platte in einen Werkzeugholraum hineingezogen.[7]

4.2 Versuchsaufbau

Die Versuche wurden mit einer Einstationenmaschine Illig UA 60 E durchgeführt, für deren Betrieb die Automatik-Funktionen aktiviert werden mussten. Die Tastenbelegung findet man auf dem Hauptfeld, mit dessen Hilfe die Maschine eingestellt und in Betrieb genommen werden kann.

---

[7] Vgl. Frey G., Eckhardt D. (o. J.), S. 32 ff.

Abbildung 5: Thermoformmaschine Illig UA 60 E

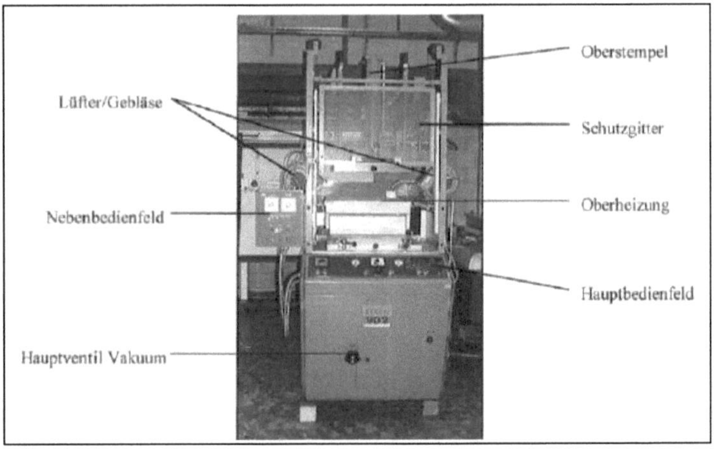

Quelle: Frey G., Eckhardt D. (o. J.), S. 36

Bevor das Einspannen des Halbzeugs in den Spannrahmen erfolgt, muss das Halbzeug auf das Maß des Einspannrahmens angepasst werden. Der Prozess wird durch die Taste „Oberheizung fortfahren" gestartet und wenn die eingestellte Heizzeit abgelaufen ist, fährt die Oberheizung automatisch zurück. Danach wird das Kühlgebläse mithilfe des Nebenbediensfelds aktiviert und nach dem es abgeschaltet ist, wird der Prozess manuell beendet. Das Bauteil wird mit einem Druckluftstoß vom Werkzeug gelöst, der Werkzeugtisch senkt ab und das Bauteil kann nun aus dem Spannrahmen entnommen werden.[8]

4.3 Versuchsdurchführung

Mit der im Kapitel 4.2 beschriebenen Thermoformmaschine wurden drei Bauteile mit unterschiedlichen Aufheizzeiten mit dem Ziel hergestellt, eine optimale Heizdauer zu ermitteln. Für die Versuche wurde ein stufenförmiges negatives Werkzeug und eine Platte mit den Maßen (32 cm x 22 cm) und der Dicke 1,2 mm aus dem Werkstoff Polystyrol verwendet. An der Maschine wurde die Temperatur auf 75 % der maximalen Heizleistung eingestellt. Hierzu soll die

---

[8] Vgl. Frey G., Eckhardt D. (o. J.), S. 36 ff.

Wanddickenverteilung ermittelt und der Zusammenhang mit dem örtlichen Verformungsgrad dargestellt werden. Am Ende dieses Kapitels werden die Merkmale der thermogeformten Bauteile anhand von Praxisbauteilen analysiert und vorgestellt.

4.3.1 Thermoformen mit Variation der Heizdauer

Das Halbzeug wurde in den Spannrahmen eingespannt, mit der Temperatureinstellung aufgeheizt und geformt. Dies wurde für drei verschiedene Zeiteinstellungen durchgeführt: *42 s, 51 s und 60 s*. Auf alle drei Werkzeug-Platten wurde mit dem Permanent-Marker ein Raster mit 1 cm Rasterabstand aufgezeichnet. Nach der Verformung wurden die Bauteile an den markanten Stellen aufgeschnitten und anschließend mit der Bügelmessschraube die Wanddicken von oben nach unten gemessen.

Die Ergebnisse sind in dem folgenden Diagramm dargestellt.

Abbildung 6: Ermittlung der optimalen Heizdauer

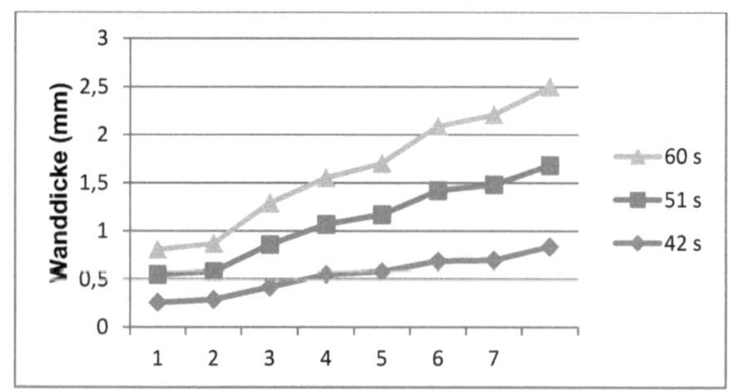

Quelle: eigene Darstellung

Die Linie, die im Diagramm am gleichmäßigsten fällt, charakterisiert die optimale Heizdauer. Das ist die Heizdauer von 51 s.

4.3.2 Messung des Verformungsgrades

Um in diesem Versuch den Verformungsrad zu ermitteln, wurden zwei Halbzeug-Platten auch mit 1 cm Rasterabstand markiert. Ein Bauteil wurde mit dem Negativ-Formen und das andere mit Positiv-Formen hergestellt. Nach der Formung wurde an beiden Bauteilen der maximale Rasterabstand genommen. An dieser Stelle wurden die Seiten immer von der Mitte ausgehend in der obersten Stufe zur der Mitte der nächstliegenden Seite des Bauteils gemessen. Daraus wurden die Flächen und der Verformungsgrad des jeweiligen Formenprozesses ermittelt:

Das Negativ-Formen:

$$Fläche = 2,6 \; cm * 4,4 \; cm = 11,44 \; cm^2; Verformungsgrad = 11,4 : 1$$

Das Positiv-Formen:

$$Fläche = 2,3 \; cm * 3,1 \; cm = 7,13 \; cm^2; Verformungsgrad = 7,3 : 1$$

4.3.3 Analyse thermogeformter und spritgegossener Bauteile

Es wurden die thermogeformten und spritzgegossenen Becher miteinander verglichen. Für die jeweiligen Bauteile wurden die Herstellungsprozesse und die Erkennungsmerkmale in der Tabelle 4 zusammengefasst.

Tabelle 4: Vergleich der thermogeformten und spritzgegossenen Bauteile

Bauteil	Herstellungsprozess	Erkennungsmerkmale
Weißer Trinkbecher	Spritzgießen	Rippen, Einspritzpunkt
Creme Fraiche Becher	Spritzgießen	Einspritzpunkt
Blauer Becher	Spritzgießen	Rippen, Einspritzpunkt
Unbeschriftete weißer Becher	Thermoformen	Vakuumabdrücke, kein Einspritzpunkt
Schwarzer Trinkbecher	Thermoformen	Gegen Licht sind verschiedene Wanddicken zu sehen

Quelle: eigene Darstellung

Als weitere Bauteile wurden eine Verpackungsschale, eine Senderhaube und eine Gehäuseabdeckung analysiert. Die Verpackungsschale wird mit dem Negativ-Thermoformen hergestellt, da die Wandstärke am oberen Rand größer ist als im unteren Bereich der Schale. Die Schrift, die auf der Schale zu sehen ist, deutet auch auf das Negativ-Thermoformen. Die Senderhaube wird mit dem Positiv-Thermoformen hergestellt, da sie einen Abdruck von einem Sechskant und eine strukturierte Oberfläche aufweist. Die Gehäuseabdeckung wird mit dem Negativ-Thermoformen hergestellt. Die Durchbrüche, die am Bauteil zu finden sind, entstehen dadurch, dass sie mit einem Werkzeug abgefräst werden. Dieses Werkzeug besitzt einige Stäbe, die die Folientaschen bilden.

4.3.4 Berechnung der Dicke des Halbzeugs

Gegeben: L = 25 cm; B = 15 cm;

a = 5 cm; b = 10 cm; c = 2 cm

Gesucht: Wanddicke der Halbzeug-Platte

Laut der Aufgabenstellung bleibt das Werkstoffvolumen unverändert: *V1=V2*

Die Berechnung der Ausgangsfläche des Halbzeugs F_1 und des Bauteils F_2:

$$F_1 = L * B = 25\ cm * 15\ cm = 375\ cm^2$$

$$F_2 = (2 * a * c + 2 * b * c) + F_1 = (2 * 5cm * 2cm + 2 * 10cm * 2cm) + 375\ cm^2$$
$$= 435\ cm^2$$

Die Wanddicke des Bauteils weicht von der durchschnittlichen Wanddicke des Bauteils um ±30 % ab und darf an der dünnsten Stelle eine Wanddicke von 0,8 mm nicht überschreiten. Daraus folgt, dass die durchschnittliche Wanddicke des Bauteils 1,14 mm beträgt:

$$s_2 = \frac{0{,}8\ mm}{0{,}7} = 1{,}14\ mm$$

Mit der Formel $F_1 * s_1 = F_2 * s_2$ wird nach s_1 aufgelöst und man erhält die folgende Wanddicke der Halbzeug-Platte:

$$s_1 = \frac{F_2 * s_2}{F_1} = \frac{435 \; \cancel{cm^2}}{375 \; \cancel{cm^2}} * 1{,}14 \; mm = 1{,}32 \; mm$$

5. Programmieren nach DIN 66025

5.1 Theoretische Grundlagen

Die CNC-Steuerungen haben ein wesentliches Merkmal im Vergleich zu den SPS-Steuerungen, dass mit denen nicht nur mit Schaltbefehlen sondern auch die definierten Bewegungen von Achsen ausgeführt werden können. Sie kommen bei allen Fertigungsverfahren zum Einsatz wie beispielsweise beim Fräsen, Drehen Schleifen oder Bohren.[9] Die CNC-Programmierung wurde im Rahmen dieser Laborveranstaltung anhand des Fräsens kennengelernt. Um ein CNC-Programm für eine Fräsmaschine zu erstellen, werden einige Kenntnisse für das Fertigungsverfahren „Fräsen" gebraucht. Im Nachfolgenden wird dieses Verfahren näher erläutert.

Das Fertigungsverfahren - Fräsen

Das Fräsen gehört zu den spannenden Verfahren mit bestimmter Schneide, da die Geometrie der Schneiden an den Fräswerkzeugen bekannt ist. Bei diesem Verfahren wird das Material entfernt, indem sich das Fräswerkzeug mit der hohen Geschwindigkeit um seine eigene Achse dreht und dadurch die sogenannte Schnittgeschwindigkeit erzeugt. Das Werkzeug und das Werkstück bewegen sich relativ zueinander, wodurch die Vorschubgeschwindigkeit entsteht.

Bei der Bearbeitung eines Werkstücks wird es beim Fräsen zwischen dem Gleich- und Gegenlauffräsen unterschieden, bei denen ein Span in Kommaform abgetragen wird, aber in unterschiedlicher Richtung. Beim *Gleichlauf-Fräsen* bewegen sich die Schneiden des Werkezeugs in die gleiche Richtung wie das Werkstück, wodurch dann eine glatte und saubere Oberfläche entsteht. Wenn die Werkzeugschneide auf das Werkstück auftritt, ist der Span am größten und

---

nimmt dann kontinuierlich ab. Beim *Gegenlauf-Fräsen* bewegt sich die Schneide entgegengesetzt zur Vorschubrichtung des Werkstücks wodurch eine gewalzte Oberfläche entsteht. Beim Auftreten der Werkzeugschneide auf das Werkstück ist der Span am kleinsten und nimmt dann kontinuierlich zu. Nachteilig ist bei diesem Verfahren, dass das beginnende Gleiten zu einem großen Verschleiß an den Freiflächen der Schneiden sowie zu verringerten Standzeiten des Werkzeugs führt.[10]

5.2 Versuchsaufbau

In dieser Laborübung geht es um die Erstellung der NC-Programme[11] für das Fräsen, das auf einem NC-gesteuerten Bearbeitungszentrum durchgeführt wird. Die Programme werden mit dem Text-Editor erstellt. Sie bestehen aus einer Reihenfolge von Befehlssätzen (Befehlszeilen), die durch Großbuchstaben verschlüsselt sind. Diese Reihenfolge der Anweisungen ist beim Satzaufbau einzuhalten, der vollständig lautet:

Die Gesamtbearbeitung wird in einzelne Bearbeitungsschritte aufgeteilt. Diese sind mittels einer nach DIN 66025 Codierung einheitlich festgelegt. Sie werden in die Maschinensteuerung eingegeben. Danach führt die Maschine diese Bearbeitung aus.

5.3 Versuchsdurchführung

Jeder Teilnehmer dieser Laborveranstaltung hat zwei Fertigungszeichnungen erhalten, aus denen die Maße für eine gegebene Geometrie zu entnehmen sind und dafür ein NC-Programm zu erstellen ist. Alle Programme sollen neben den Geometrieinformationen auch alle benötigten Maschinenparameter enthalten und sind mit Kommentaren in jeder Befehlzeile zu versehen. Anschließend werden die erstellten NC-Programme mit Hilfe einer Software *Workpiece Viewer der Firma Technisoft* simuliert.

---

[10] Vgl. Frey G., Eckhardt D. (o. J.), S. 42 ff.
[11] NC bedeutet dabei „Numeric control", also numerische Steuerung. Quelle: Frey G., Eckhardt D. (o. J.), S. 47

5.3.1 NC-Programm in G90 (Absolutbemassung)

Für die vorgegebene Geometrie aus der Fertigungszeichnung, soll ein NC-Programm in der Programmierart G90 (Absolutbemassung) erstellt werden.

%01 *; Programmnummer*

N10 G90 *; Grundeinstellung Absolutbemaßung*

N20 G17 *; Grundeinstellung Ebeneauswahl XY*

N30 G00 Z100 *; Eilgang, Anfahrposition in Z-Achse auf 100 mm*

N40 T5 M06 *; Werkzeugaufruf*

N50 G54 *; Aufruf Nullpunktverschiebung*

N60 G00 X105 Y44 *; Eilgang, Anfahrposition auf X-Achse 105 mm und Y-Achse 44 mm*

N70 S4000 M3 M7 *; Spindel und Kühlmittel 1 einschalten, Einstellen Drehzahl auf 4000 1/min*

N80 G00 Z10 *; Eilgang, Anfahrposition in Z-Achse auf 10 mm*

N90 G01 Z-5 F323 *; Geraden Interpolation in Z-Achse auf -5 mm mit der Vorschubgeschwindigkeit von 323 mm/min, wird die Tiefe gefräst*

N100 G01 Y40 F970 *; Geraden Interpolation in Y-Achse auf 40 mm mit der Vorschubgeschwindigkeit von 970 mm/min, wird die Kontur in Y-Achse gefräst*

N110 G03 X120 Y25 I15 J0 *; Kreis-Interpolation im Gegenuhrzeigersinn, X-Achse 120 mm, Y-Achse 25 mm, Abstand zum Mittelpunkt des Kreises 15 mm*

N120 G01 X145 *; Geraden Interpolation in X-Achse auf 145 mm*

N130 G01 Z10 *; Geraden Interpolation in Z-Achse auf 10 mm, der Fräser fährt nach oben*

N140 G00 X127 *; Eilgang auf die Anfahrposition in X-Achse auf 127 mm*

N150 G01 Z-5 F323 *; Geraden Interpolation in Z-Achse -5 mm, mit der Vorschubgeschwindigkeit von 323 mm/min, wir die Tiefe gefräst*

N160 G01 Y41 *; Geraden Interpolation in Y-Achse auf 41 mm*

N170 G01 Z10 M05 M09 *; Geraden Interpolation in Z-Achse auf 10 mm, der Fräser fährt nach oben, Spindel wird gehalten, Kühlmittel aus*

N180 T0 M6 *; Werkzeugspindel leeren*

N190 M30 *; Programmende*

Die Schnittgeschwindigkeit, die Drehzahl und der Durchmesser von 10 mm des Fräsers wurden aus der Schnittdatentabelle des Herstellers entnommen.

Hinweis: Der Grund ist, warum bei der linearen Führung in der Z-Achse die Vorschubgeschwindigkeit 323 mm/min beträgt, dass nur eine Schneide des Fräsers beim Eintauchen in das Werkstück im Einsatz ist. Dadurch soll die Vorschubgeschwindigkeit beim Eintauchen ca. 30 % der vollen Vorschubgeschwindigkeit betragen, um das Brechen des Fräsers zu vermeiden:

$$v_{f-eintauchen} = \frac{v_f}{3} = \frac{970\ mm/min}{3} = 323\ mm/min$$

5.3.2 NC-Programm in G40/G41/G42 (Werkzeugbahnkorrektur)

Für die vorgegebene Geometrie aus der Fertigungszeichnung, soll ein NC-Programm in der Programmierart G40 erstellt werden. Das Programm wird dann später auf G41 und G42 umgeschrieben, die alle nacheinander auf der Fräsmaschine abgefahren werden.

%01 *; Programmnummer*

N10 G90 *; Grundeinstellung Absolutbemassung*

N20 G17 *; Grundeinstellung Ebeneauswahl XY*

N30 G00 Z100 *; Eilgang, Anfahrposition in Z-Achse auf 100 mm*

N40 T5 M06 ; *Werkzeugaufruf*

N50 G54 ; *Aufruf Nullpunktverschiebung*

N60 G00 X105 Y44 ; *Eilgang, Anfahrposition auf X-Achse 105 mm und Y-Achse 44 mm*

N70 S4000 M3 M7 ; *Spindel und Kühlmittel 1 einschalten, Einstellen Drehzahl auf 4000 1/min*

N80 G00 Z10 ; *Eilgang, Anfahrposition in Z-Achse auf 10 mm*

N90 G01 Z-5 F970 ; *Geraden Interpolation in Z-Achse auf -5 mm mit der Vorschubgeschwindigkeit von 970 mm/min, wird die Tiefe gefräst*

N100 G40 ; *Aufheben der Werkzeugkorrektur, das Werkzeug fährt auf der sog. "Mittelpunktsbahn"*

N110 G01 X145 Y112 F970 ; *Geraden Interpolation in X-Achse auf 145 mm und Y-Achse auf 112 mm mit der Vorschubgeschwindigkeit von 970 mm/min*

N120 G01 X145 Y94 ; *Geraden Interpolation in X-Achse auf 145 mm und Y-Achse auf 94 mm*

N130 G01 X6 ; *Geraden Interpolation in X-Achse auf 6 mm*

N140 G01 Y6 ; *Geraden Interpolation in Y-Achse auf 6 mm*

N150 G01 X145 ; *Geraden Interpolation in X-Achse auf 145 mm*

N170 G01 Z10 M05 M09 ; *Geraden Interpolation in Z-Achse auf 10 mm, der Fräser fährt nach oben aus, Spindel wird gehalten, Kühlmittel aus*

N180 T0 M6 ; *Werkzeugspindel leeren*

N190 M30 ; *Programmende*

5.3.3 Fräsen nach NC-Programmen

Die Gruppe 1 der Laborteilnehmer hat zwei andere NC-Programme erstellt. Anschließend wurden alle Programme an die Fräsmaschine weitergegeben. Die Fräsmaschine, Kunzmann WF650, ist schon vor Labordurchführung mit den vorprogrammierten Grundeinstellungen ausgestattet. Dieser Maschinentyp ist dadurch gekennzeichnet, dass sich das Werkzeug relativ zum Werkstück in den drei Richtungen X, Y und Z des kartesischen Koordinatensystems bewegen lässt. Ein Drehtisch und eine drehbar gelagerte Arbeitsspindel realisieren eine vierte und fünfte Achse der Fräsmaschine. Die NC-Programme wurden eins nach dem anderen in das Steuergerät der Maschine hereingeladen und der Fräser hat diese programmierten Bewegungen durchgeführt. Das Ergebnis des Fräsens wird in der Abbildung 12 abgebildet.

6. Rüsten und Programmieren eines NC-Bearbeitungszentrums

Die Produktion von Werkstücken wird wirtschaftlicher, wenn die Rüstzeiten der Maschine (Programmier- und Werkstückwechselzeiten) möglichst kurz sind. Zwei andere Anforderungen dafür sind, dass die Maßhaltigkeit der produzierten Werkstücke exakt eingehalten sowie der Ausschuss vermieden werden. Es wird beim Rüsten und Programmieren eines Fräsbearbeitungszentrums notwendig, dass

- die eingesetzten Fräswerkzeuge exakt mit dem Ziel gemessen werden, eine bessere Maßhaltigkeit der Werkstücke zu erreichen.
- die Werkstückvorrichtungen Maß genau und leicht bedienbar sind. Dies ermöglicht eine Bearbeitung möglichst aller zu bearbeitenden Stellen der Werkstücke ohne Umspannen, wodurch die kurzen Rüstzeiten und die Werkstückmaßhaltigkeit entstehen.
- die NC-Programme mittels rechnergestützter Programmiersysteme schneller erstellt werden können, um die Rüstzeiten zu verkürzen.

Damit die oberen Ziele erreicht werden können, wurden im Labor die Versuchsübungen durchgeführt. Dazu werden verschiedene Teilgruppen gebildet. Jede Teilgruppe hat entsprechend den Vorgaben ihre eigene Laborübung abgearbeitet und zum Schluss die Ergebnisse präsentiert.

6.1 Analyse einer gegebenen Spannvorrichtung

An einem Bauteil, der in der Abbildung 14 dargestellt ist, sind alle mit $R_z = 16$ gekennzeichneten Flächen zu bearbeiten. Das Bauteil wird mit einer speziell konstruierten und angefertigten Vorrichtung gespannt und mit den Werkzeugen wie Schaftfräser D14, Bohrer D20,8 sowie Reibahle D21H7 bearbeitet.

Die Teilgruppe, die diese Aufgabe bearbeitet hat, analysierte, die in der Spannvorrichtung verwendeten Komponenten auf ihre Aufgaben bzw. auf Funktionen. Danach haben sie unter Berücksichtigung der drei Auflagepunkte in der Z-Achse sowie der drei Auflagepinkte in der Y-Achse das Bauteil in der Spannvorrichtung richtig positioniert. Die Gruppe hat auch untersucht, wie sich die entstehenden Spannkräfte und deren Kraftverlauf ergeben und wie der Spannmechanismus funktioniert. Zudem wurde erklärt, welche Kräfte bei der Bearbeitung durch die Werkzeuge entstehen und wie diese von der Spannvorrichtung aufge   Quelle: eigene Darstellung

6.2 Vermessen von Werkzeugen und Erstellen eines Arbeitsplans

Mit diesen zwei Laborübungen war eine andere Teilgruppe beschäftigt. Die Werkzeuge werden mit einem Werkzeugvermessungs-und –einstellgerät der Firma Metama vermessen. Dieses Gerät muss aber mit einem Kalibriernormal kalibriert werden.

Bei den Werkzeugen, die vermessen werden, handelt es sich um einen Schaftfräser (links mittig) mit D = 12, einen Radiusfräser (außen links) mit R = 5, einen Zentrierbohrer (rechts mittig) mit D = 10 und einen Bohrer (außen rechts) mit D = 6.

Bei diesem Werkzeugvermessungsgerät wird die Fräserkontur meist mittels starker Hinterleuchtung als Schattenriss dargestellt und mit der Vergrößerung auf einen Projektionsbildschirm übertragen. Man fährt zuerst zu einer Schneidecke und es soll um 90 °C gedreht zum Strahlengang positioniert sein.

Danach wird die Ecke genau an den Kreuz gelegt und der Nullpunkt bestimmt. Wenn die Werkzeugschneide auf der Projektionsfläche scharf abgebildet ist und sich innerhalb des Tiefenschärfebereichs des Strahlengangs befindet, erreicht der Abstand der Werkzeugschneide und des Strahlenganges hier sein Maximum, was dem Werkzeugradius entspricht.

Bei dem in der Abbildung 17 abgebildeten Werkstück handelt es sich um ein Musterteil, für welches die Teilgruppe einen Arbeitsplan erstellt hat. Dieser Arbeitsplan beinhaltet die einzelnen Arbeitsschritte, wie das Bauteil bearbeitet wird.

Arbeitsschritte:

1. Körnen
2. Bohren mit NC-Zentrierbohrer
3. Nut fräsen mit Schaftfräser
4. Rechteck fräsen mit Schaftfräser
   mit dem max. D = 6
5. Rundtasche fräsen – Vorfräsen
   mit Schaftfräser
6. Rundtasche fertig fräsen
   Mit Wendelplattenfräser

6.3 Aufbau einer Spannvorrichtung aus modularen Komponenten

Bei dieser Übung wurde ein Werkstück, ein Pleuel, zur Verfügung gestellt. Für dieses Bauteil soll eine Spannvorrichtung aus den modularen Einzelkomponenten gebaut werden. Der Pleuel wird in der Vorrichtung so positioniert, dass die zwei Zylinderbohrungen nachgearbeitet werden können. Dabei wurde das Bauteil auf die geometrischen Abhängigkeiten zwischen den zu bearbeitenden Flächen und dem Halbzeug (Rohmaterial) analysiert. Diese geometrischen Abhängigkeiten sind als Form- und Lagetoleranzen im Nachfolgenden näher erläutert und in der Abbildung 18 gekennzeichnet

1) <u>Ebenheit:</u> Die Fläche muss zwischen zwei parallelen Ebenen vom Abstand $t = 0,01\ mm$ liegen.

2) <u>Zylindrizität (Zylinderform):</u> Die Mantelflächen der inneren Zylinderbohrungen müssen zwischen zwei koaxialen Zylinder liegen, die einen radialen Abstand von $t = 0{,}01\ mm$ haben.

3) <u>Rechtwinkligkeit:</u> Die Achse der Bohrung muss innerhalb eines zur Bezugsebene A rechtwinkligen Zylinders vom Durchmesser $t = 0{,}01\ mm$ liegen.

4) <u>Konzetrizität:</u> Der Mittelpunkt der Bohrung muss innerhalb eines Kreises vom Durchmesser $t = 0{,}01\ mm$ liegen, konzentrisch zum Bezugspunkt B im Querschnitt.

5) <u>Parallelität:</u> Die Achsen der Zylinderbohrungen müssen innerhalb eines Zylinders vom Durchmesser $t = 0{,}01\ mm$ liegen, dessen Achse parallel zur Achse C ist.

6) <u>Symmetrie:</u> Die Mittelebene des Pleuels muss zwischen parallelen Ebenen vom Abstand $t = 0{,}01\ mm$ liegen, die symmetrisch zur Bezugsachse D angeordnet sind.

Abbildung 7: Pleuel - Technische Zeichnung

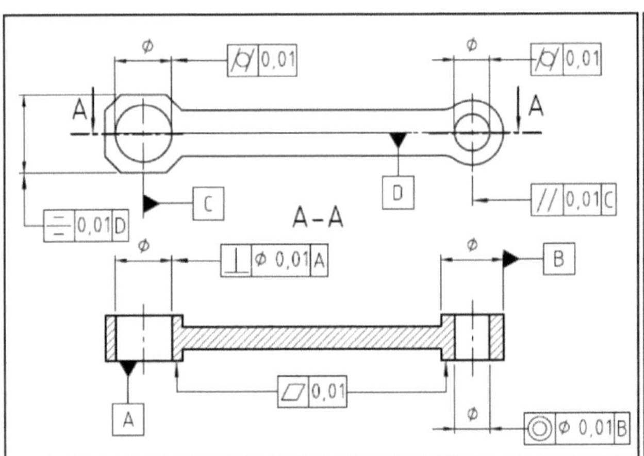

Quelle: eigene Darstellung (erstellt in Auto CAD 2014)

Die Spannvorrichtung ist gebaut und das Bauteil wurde in dieser positioniert. Bei der Positionierung wurden die vorbearbeiteten Flächen des Bauteils als Anlageflächen bevorzugt verwendet. Dadurch wurde der Fokus auf die Spannkräfte und deren Kraftverläufe gelegt. Das Bauteil wurde an den drei Teilflächen positioniert. Aus den Bearbeitungsgründen waren keine Anlagepunkte möglich. Es ist bewusst, dass der Pleuel falsch gespannt ist, weil es schwierig war, mit den zur Verfügung gestellten Komponenten die richtigen Spannpunkte zu realisieren. Diese Spannpunkte müssen gegenüber der Auflagenflächen liegen, um die Verformung des Bauteils zu vermeiden. Die Auflageflächen und die Spannpunkte an der Spannvorrichtung sind in der Abbildung 19 dargestellt.

Unter den Nummern, die in der oberen Abbildung zu sehen sind, wurden die einzelnen modularen Komponenten zugeordnet, die in der nachfolgenden Stückliste aufgelistet werden.

Tabelle 5: Stückliste - Spannvorrichtung

Stückliste - Spannvorrichtung		
Pos.	**Menge**	**Benennung**
1	2	Sechskantmutter mit Bund
2	2	Stellschraube
3	2	Schwenkspanner
4	1	Ausschnitt Element
5	1	Stufenleiste
6	1	Prisma flach
7	3	Auflageleiste
8	2	Schiebeleiste
9	1	Grundplatte
10	8	Schrauben lang
11	2	Schrauben kurz

Quelle: eigene Darstellung

6.4 NC-Programm für das Musterteil

Bei dieser Aufgabe hat die Teilgruppe ein NC-Programm mithilfe eines Computer Aided Manufacturing System (CAM) für das Musterteil zu erstellen. In der Laborveranstaltung wurde das CAM-System ADCAM von der Firma CAD/CAM Strässle verwendet. Dieses CAM-System ermöglicht es, aus den CAD-Daten (Computer Aided Design), die mit Fertigungsstrategien ergänzt sind, die Bearbeitungsschritte und deren Parameter direkt am Computer zu programmieren. Der Aufbau des Bildschirms von dem CAM-System ist in der Abbildung 20 zu erkennen.

Bei der Erstellung des CNC-Programms werden die nachfolgenden Prozessschritte durchgeführt.

1. Das ADCAM-Programm wird gestartet. Dabei wählt man den Schalter „Fräsen" aus und vergibt einen neuen Dateinamen. Der Prozessplan beginnt durch das Drücken der Taste „Start". Hierzu wird das Teileprogramm neu bezeichnet, das in der Liste vorhandene Steuerdateiname „UNI_80.cfg" ausgewählt, sowie eine neue Programmnummer vergeben und die Materialstärke $t = 15\ mm$ laut der Zeichnung eingetragen.

2. Als nächster Schritt wird die Geometrie aus einer DXF-Datei, die in der Laborveranstaltung zur Verfügung gestellt wurde, importiert. Wenn die Datei importiert ist, wird folgendermaßen vorgegangen: Alle Linien werden abgewählt und ein neuer Nullpunkt mithilfe des Schalters „Nullpunkt" in der linken unteren Ecke der Geometrie bestimmt. Durch die nochmalige Bestätigung dieses Schalters wird so das Koordinatensystem verschoben.

3. Im dritten Schritt wird die Geometrie im CAM-System bekannt gegeben. Hierfür wird der Schalter „Beliebige Kontur Definieren" gewählt. Dabei wird die Bearbeitungsebene $e = 0$ und der Wert $t = 5$ als Taschentiefe laut der Zeichnung eingetragen. Danach wird das „CAD Element" gewählt, in dem als Konturstartpunkt am untersten Eckenradius das rechte Ende definiert wird. Als Nächstes wird die gelbe Linie, die vom Startpunkt nach rechts wegführt, ausgewählt. Zum Schluss wird der gleiche Punkt als Konturendpunkt gewählt, der schon als Startpunkt definiert wurde.

4. In diesem Schritt werden das Spannen des Werkstücks und die Nullpunktverschiebung definiert. Man wählt den Schalter „Einspannung und Initialisierung" und trägt als Nullpunktverschiebung Nr. 2 ein, die dem Aufruf G55 nach NC-Code entspricht.

5. Als Nächstes wird das Rechteck laut der Zeichnung gefräst. Der Schalter „Taschenfräsen-Definition" und danach Taschenfräsen-Datei werden ausgewählt. Dabei werden das vordefinierte Werkzeug und die

vordefinierten Bearbeitungsstrategien geladen, die bei Bedarf verändert werden können. Mit dem Schalter „beliebige Tasche fräsen" wird die Rechtecktasche ausgewählt. Zum Abschließen der Fräsbearbeitung wird der Schalter „Ende" gedrückt.

6. Nachdem das Programm beendet ist, kann eine Simulation durchgeführt werden. Dabei werden einige Schalter nacheinander ausgewählt: „xyz Ansicht" → „Simulation" → „Simulationskontrolle" → „Start". Im Fenster „Simulationskontrolle" kann die Simulationsgeschwindigkeit eingestellt werden.

7. Nach der erfolgreichen Simulation kann ein NC-Programm erstellt werden. Man wählt durch die zwei betätigten Schalter „Postprozessorlauf" und „PP" die Datei „ppncdat1.sig" aus der Liste aus.

7. Schlusswort

Wie man feststellen kann, ist es gelungen, mit allen zur Verfügung gestellten Materialien z. B. dem Studienmaterial und der Laborunterlagen, ein gutes Laborbericht darzustellen. In diesem Bericht ist es deutlich erkennbar, wie die einzelnen Maschinen funktionieren, die in der Laborveranstaltung zur Verfügung gestellt wurde. Es sind auch die Schritte jeder Versuchsdurchführung detailliert beschrieben und dazu notwendigen Berechnungen durchgeführt. Für das Kapitel der NC-Programmierung sind alle geforderten NC-Programme mit Kommentaren in diesem Laborbericht enthalten.

Literaturverzeichnis

Frey G., Eckhardt D. (o.J.) AKAD-Studienmaterial, FTE03 – Kunststoffverarbeitung und NC-Programmierung

Laborunterlagen, Hochschule Pforzheim

BEI GRIN MACHT SICH IHR WISSEN BEZAHLT

- Wir veröffentlichen Ihre Hausarbeit, Bachelor- und Masterarbeit

- Ihr eigenes eBook und Buch - weltweit in allen wichtigen Shops

- Verdienen Sie an jedem Verkauf

Jetzt bei www.GRIN.com hochladen und kostenlos publizieren